新锐设计师的最新力作

TV WALL DESIGN SQUARE

电视墙设计广场

电视墙设计广场 编写组/编

机械工业出版社
CHINA MACHINE PRESS

墙面设计是家庭装饰装修的重要组成部分，不论是色彩还是造型都能表现出居住者的审美品位，也最能吸引来访者的视线。本套丛书按设计风格分为五个分册，包括《经济电视墙》《欧式电视墙》《现代电视墙》《雅致电视墙》和《中式电视墙》，作者以大量的图片直观地展示了各种不同风格、不同造型、不同功能的电视墙，并将每张图片中展示的重点材料进行了标注，对不同风格电视墙的设计理念、材料选择、灯光设计、材质保养、色彩选择等问题运用小贴士的方式进行了实用且通俗易懂的阐释。本书图片量大，图片新颖，读者可以从中获取适合自己家庭的装修风格，同时本书也适合初入行的设计师参考、借鉴。

图书在版编目（CIP）数据

电视墙设计广场．雅致电视墙 / 电视墙设计广场编写组编．—北京：机械工业出版社，2013.6
ISBN 978-7-111-43141-1

Ⅰ．①电… Ⅱ．①电… Ⅲ．①住宅－装饰墙－室内装饰设计－图集 Ⅳ．①TU241-64

中国版本图书馆CIP数据核字（2013）第145853号

机械工业出版社（北京市百万庄大街22号 邮政编码 100037）
策划编辑：宋晓磊 责任编辑：宋晓磊
责任印制：乔 宇
北京汇林印务有限公司印刷

2013年7月第1版第1次印刷
210mm×285mm · 6印张 · 150千字
标准书号：ISBN 978-7-111-43141-1
定价：29.80元

凡购本书，如有缺页、倒页、脱页，由本社发行部调换
电话服务
社服务中心：（010）88361066
销售一部：（010）68326294
销售二部：（010）88379649
读者购书热线：（010）88379203

网络服务
教材网：http://www.cmpedu.com
机工官网：http://www.cmpbook.com
机工官博：http://weibo.com/cmp1952
封面无防伪标均为盗版

Contents
目录

客厅电视墙设计应该注意哪些问题

首先，用于电视墙的装饰材料很多，有木质、天然石、人造文化石及布料等，但对于电视墙而言，采用什么材料并不重要，最主要的是要考虑造型的美观及对整个空间的影响。

其次，客厅电视墙作为整个居室的一部分，自然会抓住大部分人的视线，但是，绝对不能为了单纯地突出个性，让墙面与整体空间产生强烈的冲突。电视墙应与周围的风格融为一体，运用细节化、个性化的处理使其融入整体空间的设计理念中。

最后，就电视墙的位置而言，如果居于墙面的中心位置，那么应考虑与电视机的中心相呼应；如果电视墙设计在墙的左、右位置，那么应考虑沙发背景墙是否有必要做类似元素的造型进行呼应，以达到整体、和谐的效果。

❶ 雕花茶镜 ❷ 印花壁纸

❶ 有色乳胶漆 ❷ 陶瓷锦砖

❶ 浅咖啡色网纹大理石 ❷ 米色玻化砖

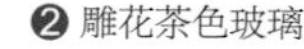

❶ 陶瓷锦砖 ❷ 雕花茶色玻璃 ❸ 米黄色大理石

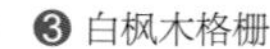

❶ 胡桃木装饰线 ❷ 艺术墙砖 ❸ 白枫木格栅

❶ 车边灰镜 ❷ 印花壁纸 ❸ 灰镜装饰线

❶ 白枫木顶角线 ❷ 密度板拓缝

❶ 有色乳胶漆 ❷ 装饰银镜 ❸ 印花壁纸

❶ 装饰灰镜 ❷ 聚酯玻璃 ❸ 中花白大理石

❶ 条纹壁纸 ❷ 密度板雕花刷白贴银镜 ❸ 白枫木踢脚线

❶ 泰柚木饰面板 ❷ 中花白大理石 ❸ 黑色烤漆玻璃

❶ 米黄色网纹大理石 ❷ 白枫木装饰立柱 ❸ 米黄色亚光玻化砖

❶ 白枫木装饰线 ❷ 木纹大理石

❶ 直纹斑马木饰面板 ❷ 不锈钢条 ❸ 皮纹砖

❶ 白色乳胶漆　❷ 米白色洞石　❸ 雕花银镜

❶ 装饰银镜　❷ 有色乳胶漆

❶ 黑色陶瓷锦砖　❷ 白色亚光墙砖

❶ 白色乳胶漆　❷ 印花壁纸　❸ 米色亚光玻化砖

❶ 红樱桃木饰面板　❷ 米黄色大理石　❸ 印花壁纸

客厅电视墙的造型如何设计

电视墙的造型分为对称式、非对称式、复杂式和简洁式四种。对称式给人规律、整齐的感觉；非对称式比较灵活，给人个性化很强的感觉；复杂式和简洁式都需要根据具体风格来定，以达到与整体风格协调一致。

电视墙的造型设计，需要实现点、线、面相结合，与整个环境的风格和色彩相协调，在满足使用功能的同时，也要做到反映装修风格、烘托环境氛围的效果。

❶ 米黄色大理石　❷ 印花壁纸

❶ 茶色烤漆玻璃　❷ 车边银镜

❶ 白色乳胶漆　❷ 肌理壁纸

❶ 泰柚木饰面板　❷ 仿古砖

❶ 原木饰面板　❷ 白色乳胶漆

❶ 车边茶镜　❷ 泰柚木饰面板

❶ 红樱桃木饰面板 ❷ 米黄色网纹大理石 ❸ 米色亚光墙砖

❶ 白色人造大理石 ❷ 泰柚木雕花 ❸ 条纹壁纸

❶ 车边茶镜 ❷ 印花壁纸

❶ 白枫木饰面板肌理造型 ❷ 有色乳胶漆 ❸ 强化复合木地板

❶ 条纹壁纸　❷ 原木饰面板　❸ 装饰灰镜　❹ 榉木装饰立柱

❶ 白色乳胶漆　❷ 文化砖饰面　❸ 陶瓷锦砖

❶ 米黄色网纹大理石　❷ 绯红色网纹玻化砖

❶ 黑胡桃木装饰线　❷ 印花壁纸

❶ 密度板雕花刷白　❷ 印花壁纸　❸ 密度板混油拓缝

❶ 白枫木装饰线 ❷ 木纹大理石

❶ 印花壁纸 ❷ 米黄色玻化砖

❶ 爵士白大理石 ❷ 米白色洞石 ❸ 车边银镜

❶ 米黄色洞石 ❷ 印花壁纸 ❸ 强化复合木地板

❶ 装饰灰镜 ❷ 车边银镜 ❸ 浅咖啡色网纹大理石 ❹ 白枫木装饰线

如何通过设计改进电视墙的声效功能

客厅的电视墙一般都是客厅的中心，太过平整会减少空间的视觉层次，空间感太单调。从功能上来说，平面易使声音传递成倍数级，产生回声共振，不利于音响的效果，只有立体或浮雕的墙面，才能同影院和音乐厅一样，使声波发生漫反射，产生完美的混响声效，使听者有临场感，尤其以电视和迷你音响发声的点声源，更是如此。可以选择水泥板进行装饰，其具有轻质坚固、保温隔声、防潮防火、易加工等技术性能，且不受自然条件的影响，不会发生虫蛀、霉变及翘曲变形。用水泥板装饰的电视墙，其特殊的表面纹路可表现出高价值质感与独特品位，并且可以体现出极简风格和洗练质感以及强烈的建筑感。

❶ 装饰银镜 ❷ 密度板雕花刷白 ❸ 米黄色大理石

❶ 车边银镜 ❷ 桦木饰面板

❶ 有色乳胶漆 ❷ 白色人造大理石

❶ 红樱桃木顶角线 ❷ 密度板雕花刷白

❶ 白枫木饰面板 ❷ 肌理壁纸

❶ 雕花清玻璃 ❷ 米白色洞石

❶ 木窗棂造型　❷ 白色人造大理石装饰线　❸ 艺术墙砖

❶ 反光灯带　❷ 白枫木饰面板

❶ 陶瓷锦砖　❷ 桦木装饰搁板

❶ 印花壁纸　❷ 直纹斑马木饰面板

❶ 直纹斑马木饰面板 ❷ 印花壁纸 ❸ 鹅卵石

❶ 米黄色网纹大理石 ❷ 有色乳胶漆

❶ 茶色镜面玻璃 ❷ 米色抛光墙砖

❶ 白色乳胶漆 ❷ 有色乳胶漆

❶ 白色乳胶漆 ❷ 黑胡桃木饰面板 ❸ 白色玻化砖

❶ 印花壁纸　❷ 陶瓷锦砖

❶ 白桦木装饰线　❷ 茶色镜面玻璃　❸ 皮纹砖

❶ 泰柚木饰面板　❷ 黑色烤漆玻璃

❶ 水曲柳饰面板　❷ 有色乳胶漆

❶ 黑镜装饰线　❷ 白枫木饰面板　❸ 中花白大理石

❶ 黑色烤漆玻璃 ❷ 米黄色洞石 ❸ 羊毛地毯

❶ 印花壁纸 ❷ 米白色洞石

❶ 黑色烤漆玻璃 ❷ 印花壁纸

❶ 仿古墙砖 ❷ 黑色烤漆玻璃

电视墙对周围环境有什么要求

保持周围环境的干燥对于延长电视机的使用寿命是至关重要的。因为平板电视很多都不带防水保护，散热栅格内的电路板会直接与外界空气接触，当周围湿度超过80%时，就有可能使电视机出现异常情况。如果长时间湿度过大，有可能造成电视机的严重损坏。另外，也不要将电视机安装在靠近热源的地方，并且要预留足够的散热空间，在电视墙附近摆放过多植物也是不当的做法。功率大于100W的平板电视，左、右侧面距离安装面的间距至少要保持10cm，以保持空气流通、通风散热。

❶ 灰镜装饰线 ❷ 浅咖啡色网纹大理石

❶ 装饰银镜 ❷ 印花壁纸 ❸ 白枫木装饰线

❶ 云纹亚光墙砖 ❷ 银镜装饰线

❶ 木纹抛光墙砖 ❷ 黑色烤漆玻璃

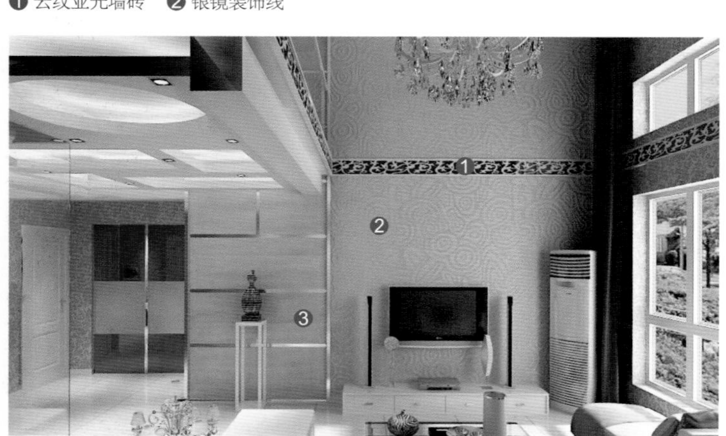

❶ 雕花茶镜 ❷ 印花壁纸 ❸ 水曲柳饰面板

❶ 雕花银镜 ❷ 皮革软包

❶ 深咖啡色网纹大理石　❷ 白色乳胶漆　❸ 印花壁纸

❶ 白枫木饰面板　❷ 印花壁纸

❶ 白色乳胶漆　❷ 黑色烤漆玻璃　❸ 印花壁纸

❶ 密度板混油拓缝　❷ 车边银镜

❶ 灰镜装饰线　❷ 黑色烤漆玻璃　❸ 泰柚木搁板

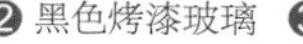

❶ 雕花黑色烤漆玻璃 ❷ 中花白大理石

❶ 雕花银镜 ❷ 肌理壁纸 ❸ 白枫木踢脚线

❶ 红樱桃木顶角线 ❷ 印花壁纸

❶ 茶色烤漆玻璃 ❷ 印花壁纸

❶ 石膏板吊顶 ❷ 布艺软包 ❸ 有色乳胶漆

❶ 密度板雕花刷白贴银镜 ❷ 印花壁纸 ❸ 实木地板

❶ 石膏板吊顶 ❷ 肌理壁纸

❶ 黑色烤漆玻璃 ❷ 印花壁纸

❶ 陶瓷锦砖 ❷ 雕花磨砂玻璃 ❸ 印花壁纸

客厅电视墙要远离强磁场干扰

如果长期处于强磁场中，电视机的元件会被磁化以至影响电视机正常工作。平板电视虽挂在墙上，但还是需要尽量远离周围的强电以及强磁场物体的影响，如电磁炉、微波炉等，特别是像无线电收音机这样的可以随意移动的电器，更应时刻注意与电视机保持距离。另外，一些大型家电产品，如计算机、电冰箱、空调等，也不要放置在电视机附近。最容易被忽视的是一些音响设备，也不要过于贴近电视机，以免信号互相干扰，影响收视效果。

❶ 木装饰线混油 ❷ 白色亚光墙砖

❶ 泰柚木饰面板 ❷ 白色亚光玻化砖

❶ 装饰银镜 ❷ 白枫木装饰立柱 ❸ 印花壁纸

❶ 有色乳胶漆 ❷ 红樱桃木饰面板

❶ 有色乳胶漆 ❷ 文化石饰面 ❸ 白枫木装饰线

❶ 白色亚光墙砖 ❷ 印花壁纸

❶ 装饰灰镜 ❷ 桦木饰面板 ❸ 白色玻化砖

❶ 印花壁纸 ❷ 白枫木饰面板

❶ 雕花银镜 ❷ 印花壁纸

❶ 陶瓷锦砖 ❷ 白桦木装饰立柱 ❸ 米色网纹亚面墙砖

❶ 柚木饰面板 ❷ 白枫木格栅

❶ 水曲柳饰面板 ❷ 银镜装饰线

❶ 装饰银镜 ❷ 密度板拓缝 ❸ 白枫木装饰线

❶ 装饰银镜 ❷ 爵士白大理石 ❸ 强化复合木地板

❶ 黑色烤漆玻璃 ❷ 浅咖啡色网纹大理石

❶ 白枫木饰面板 ❷ 不锈钢条 ❸ 印花壁纸

❶ 黑色烤漆玻璃　❷ 木纹大理石

❶ 柚木饰面板　❷ 印花壁纸

❶ 装饰灰镜　❷ 印花壁纸

❶ 印花壁纸　❷ 白枫木饰面板

❶ 密度板雕花刷白贴银镜 ❷ 泰柚木饰面板

❶ 黑色烤漆玻璃 ❷ 米白色云纹大理石

❶ 印花壁纸 ❷ 米黄色网纹大理石

❶ 白色乳胶漆 ❷ 深咖啡色网纹大理石

❶ 白枫木饰面板 ❷ 木纹壁纸

❶ 有色乳胶漆 ❷ 木装饰线刷金 ❸ 印花壁纸

❶ 装饰灰镜 ❷ 柚木饰面板 ❸ 绯红色网纹大理石

❶ 白色乳胶漆 ❷ 印花壁纸

❶ 皮纹砖 ❷ 不锈钢条 ❸ 印花壁纸

❶ 白枫木饰面板 ❷ 印花壁纸

❶ 黑镜装饰线 ❷ 密度板雕花刷白贴银镜 ❸ 印花壁纸

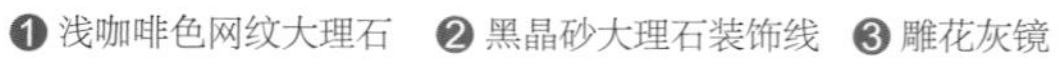

❶ 浅咖啡色网纹大理石 ❷ 黑晶砂大理石装饰线 ❸ 雕花灰镜

朝南和朝西的客厅电视墙宜选择冷色系涂料

朝南的客厅无疑是日照时间最长的，充足的日照虽然使人感觉温暖，但是容易产生浮躁的情绪，因此，大面积深色的应用会使人感到更舒适；朝西的客厅由于受到一天中最强烈的落日夕照的影响，房间里会感觉比较炙热，电视墙如果选用暖色调会加剧这种效果，而选用冷色系涂料会让人感觉清凉些。

❶ 雕花茶镜 ❷ 白色乳胶漆

❶ 黑色烤漆玻璃 ❷ 米黄色网纹大理石

❶ 白色乳胶漆 ❷ 陶瓷锦砖

❶ 茶色镜面玻璃 ❷ 米白色洞石

❶ 皮纹砖 ❷ 印花壁纸

❶ 黑色烤漆玻璃 ❷ 米黄色网纹大理石

❶ 米黄色洞石 ❷ 陶瓷锦砖 ❸ 手绘墙饰

❶ 印花壁纸 ❷ 肌理壁纸 ❸ 中花白大理石

❶ 黑胡桃木装饰线 ❷ 米黄色网纹大理石

❶ 印花壁纸 ❷ 白枫木搁板

❶ 白色乳胶漆　❷ 泰柚木饰面板　❸ 米黄色玻化砖

❶ 肌理壁纸　❷ 胡桃木装饰线

❶ 装饰灰镜　❷ 米黄色网纹大理石　❸ 密度板拓缝

❶ 肌理壁纸　❷ 米白色洞石

❶ 黑胡桃木顶角线　❷ 黑镜装饰线　❸ 米黄色大理石

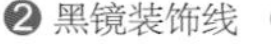

❶ 水曲柳饰面板 ❷ 装饰硬包

❶ 雕花银镜 ❷ 白色玻化砖

❶ 黑镜顶角线 ❷ 米黄色洞石

❶ 成品铁艺造型 ❷ 白枫木饰面板 ❸ 装饰银镜

❶ 红樱桃木装饰线 ❷ 皮革软包 ❸ 铂金壁纸

朝东和朝北的客厅电视墙宜选择暖色系涂料

理论上，朝东的房间是最早晒到阳光的房间，由于早上的日光最柔和，所以可以选择任何一种颜色，但是房间也会因为阳光最早离开而过早变暗，所以高亮度的浅暖色是最合理的色彩搭配，像明黄色、淡金色等；朝北的客厅因为没有日光的直接照射，电视墙在选色时应倾向于用暖色，避免冷色调的应用，且明度要高，不宜用暖而深的色调，因为这样的空间会显得暗沉，让人感觉沉闷、单调。

❶ 白色亚光墙饰 ❷ 文化石饰面 ❸ 白枫木格栅

❶ 陶瓷锦砖 ❷ 爵士白大理石 ❸ 印花壁纸

❶ 石膏板吊顶 ❷ 肌理壁纸

❶ 雕花银镜 ❷ 印花壁纸 ❸ 强化复合木地板

❶ 浅咖啡色网纹大理石 ❷ 黑镜装饰线

❶ 装饰硬包 ❷ 白枫木装饰线 ❸ 泰柚木地板

❶ 黑色烤漆玻璃　❷ 水曲柳饰面板

❶ 红樱桃木饰面板　❷ 黑色烤漆玻璃　❸ 泰柚木地板

❶ 黑色烤漆玻璃　❷ 米黄色大理石

❶ 实木装饰线　❷ 印花壁纸　❸ 仿古墙砖

❶ 黑色烤漆玻璃　❷ 木纹大理石　❸ 混纺地毯

❶ 印花壁纸　❷ 白色乳胶漆　❸ 陶瓷锦砖

❶ 车边银镜　❷ 灰白色网纹抛光墙砖

❶ 雕花茶镜　❷ 桦木饰面板

❶ 白桦木饰面板　❷ 肌理壁纸

❶ 仿木纹抛光墙砖 ❷ 白枫木百叶卷帘

❶ 印花壁纸 ❷ 白枫木装饰线

❶ 装饰灰镜 ❷ 白枫木饰面板 ❸ 印花壁纸

❶ 黑胡桃木顶角线 ❷ 黑胡桃木饰面板 ❸ 木纹大理石

❶ 米黄色洞石 ❷ 布艺软包

❶ 有色乳胶漆 ❷ 红砖饰面 ❸ 红樱桃木踢脚线

❶ 木纹大理石 ❷ 肌理壁纸 ❸ 泰柚木格栅

❶ 文化石饰面 ❷ 雕花银镜 ❸ 白色乳胶漆

❶ 柚木饰面板 ❷ 印花壁纸

❶ 雕花茶镜 ❷ 米白色网纹大理石

❶ 白枫木顶角线 ❷ 皮纹砖

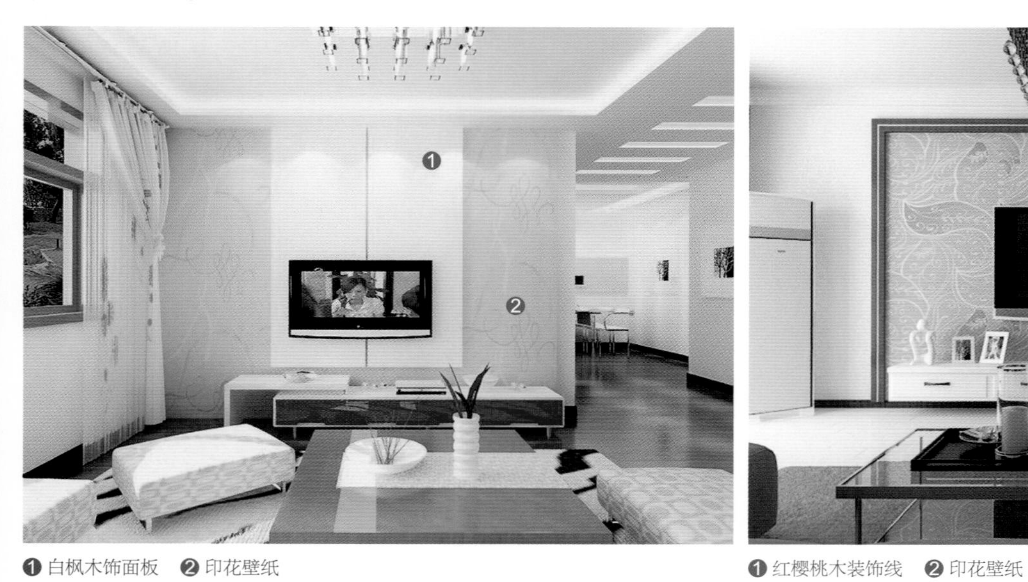

❶ 白枫木饰面板 ❷ 印花壁纸

❶ 红樱桃木装饰线 ❷ 印花壁纸

如何计算电视墙的面漆用量

墙面刷漆施工面积计算公式：墙漆施工面积=(建筑面积×80%－10)×3，建筑面积就是购房面积，现在的实际利用率一般在80%左右。

按照标准施工程序的要求，底漆的厚度应为30微米，5升底漆的施工面积一般在65~70平方米；面漆的推荐厚度为60~70微米，5升面漆的施工面积一般在30~50平方米。底漆用量=施工面积÷70；面漆用量=施工面积÷35。

❶ 彩色艺术墙砖　❷ 白色乳胶漆

❶ 釉面墙砖　❷ 柚木格栅　❸ 仿古砖

❶ 车边银镜　❷ 米黄色洞石　❸ 黑白根大理石

❶ 艺术墙砖　❷ 深咖啡色网纹大理石

❶ 条纹壁纸　❷ 灰白色网纹大理石

❶ 直纹斑马木饰面板　❷ 木纹大理石

❶ 白色乳胶漆 ❷ 水曲柳饰面板 ❸ 装饰银镜

❶ 黑镜装饰顶角线 ❷ 木纹大理石

❶ 密度板雕花刷白贴银镜 ❷ 印花壁纸

❶ 雕花清玻璃 ❷ 米白色洞石

❶ 米色大理石 ❷ 白枫木踢脚线

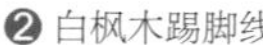

❶ 装饰银镜　❷ 米黄色网纹大理石　❸ 印花壁纸

❶ 胡桃木饰面板　❷ 米黄色亚光玻化砖

❶ 米白色洞石　❷ 黑色烤漆玻璃

❶ 白色乳胶漆　❷ 密度板雕花刷白贴黑镜　❸ 条纹壁纸

电视墙涂刷乳胶漆的施工方法

1.清理墙面：将墙面起皮及松动处清除干净，并用水泥砂浆补抹，将残留灰渣铲干净，然后将墙面扫净。

2.修补墙面：用水石膏将墙面磕碰处及坑洼缝隙等处找平，干燥后用砂纸凸出处磨掉，将浮尘扫净。

3.刮腻子：刮腻子的遍数可由墙面平整程度决定，一般情况为三遍。

4.刷第一遍乳胶漆：涂刷顺序是先刷顶板后刷墙面，墙面是先上后下。干燥后复补腻子，再干燥后用砂纸磨光，清扫干净。

5.刷第二遍乳胶漆：操作要求同第一遍，使用前充分搅拌，如不很稠，不宜加水，以防透底。漆膜干燥后，用细砂纸将墙面小疙瘩和排笔毛打磨掉，磨光滑后清扫干净。

6.刷第三遍乳胶漆：做法同刷第二遍乳胶漆。由于乳胶漆漆膜干燥较快，应连续迅速操作，涂刷时从一头开始，逐渐刷向另一头，要上下顺刷互相衔接，后一排笔紧接前一排笔，避免出现干燥后接头现象。

❶ 印花壁纸 ❷ 白枫木饰面板

❶ 印花 壁纸 ❷ 白色人造大理石

❶ 肌理壁纸 ❷ 印花壁纸

❶ 黑色烤漆玻璃 ❷ 水曲柳饰面板

❶ 中花白大理石 ❷ 布艺软包

❶ 镜面陶瓷锦砖 ❷ 灰白色网纹大理石

❶ 黑胡桃木饰面板 ❷ 米白色亚光墙砖

❶ 印花壁纸 ❷ 装饰灰镜 ❸ 车边银镜

❶ 米白色抛光墙砖 ❷ 米白色玻化砖

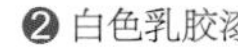
❶ 黑胡桃木顶角线 ❷ 白色乳胶漆

❶ 黑色烤漆玻璃 ❷ 水曲柳饰面板

❶ 榉木装饰线 ❷ 印花壁纸 ❸ 不锈钢条

❶ 黑色烤漆玻璃 ❷ 印花壁纸

❶ 印花壁纸 ❷ 强化复合木地板

❶ 石膏板吊顶 ❷ 白枫木饰面垭口

❶ 印花壁纸 ❷ 皮纹砖 ❸ 车边银镜

❶ 装饰灰镜 ❷ 米白色洞石 ❸ 强化复合木地板

❶ 密度板刷白 ❷ 有色乳胶漆

❶ 直纹斑马木饰面板 ❷ 白枫木饰面板

❶ 石膏板吊顶 ❷ 印花壁纸 ❸ 红樱桃木装饰垭口

❶ 装饰茶镜 ❷ 白枫木装饰线 ❸ 米黄色洞石

❶ 中花白大理石装饰线 ❷ 印花壁纸

❶ 车边茶镜 ❷ 浅咖啡色网纹大理石

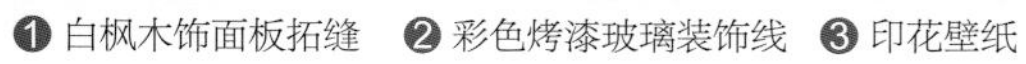

❶ 白枫木饰面板拓缝 ❷ 彩色烤漆玻璃装饰线 ❸ 印花壁纸

❶ 泰柚木格栅 ❷ 黑色烤漆玻璃 ❸ 米白色洞石

❶ 白色人造大理石 ❷ 印花壁纸

❶ 密度板雕花刷白贴银镜 ❷ 印花壁纸

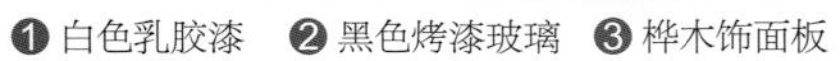

❶ 白色乳胶漆 ❷ 黑色烤漆玻璃 ❸ 榉木饰面板

❶ 水曲柳饰面板 ❷ 条纹壁纸 ❸ 强化复合木地板

❶ 有色乳胶漆 ❷ 石膏板拓缝

❶ 黑色烤漆玻璃 ❷ 不锈钢条 ❸ 泰柚木饰面板

❶ 白枫木饰面板 ❷ 有色乳胶漆 ❸ 黑胡桃木踢脚线

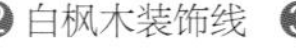

❶ 车边银镜 ❷ 白枫木装饰线 ❸ 印花壁纸

电视墙涂料施工有哪几种方式

1.滚涂：使用滚筒施工，为毛面效果，效果近似于壁纸。家装工程推荐使用短毛滚筒，施工时比较容易操作，花纹也比较浅，日常容易打理。建议在大面积施工前，先在门背后等不显眼的地方确认自己所要求的效果。

2.刷涂：采用毛刷施工，为平面效果，但毛刷会留下刷痕。家装工程一般使用羊毛刷，羊毛刷比较柔软，能够尽量减轻刷痕。

3.喷涂：采用喷枪施工，表面平整光滑，手感极好，丰满度好，可达到最理想的平面效果。

❶ 柚木饰面板 ❷ 胡桃木踢脚线

❶ 泰柚木饰面板 ❷ 印花壁纸

❶ 石膏板拓缝 ❷ 黑晶砂大理石踢脚线

❶ 有色乳胶漆 ❷ 印花壁纸 ❸ 红色烤漆玻璃

❶ 白色乳胶漆 ❷ 黑胡桃木饰面板 ❸ 印花壁纸

❶ 车边银镜 ❷ 榉木装饰线 ❸ 米色亚光墙砖

❶ 红樱桃木顶角线　❷ 有色乳胶漆

❶ 印花壁纸　❷ 桦木装饰线　❸ 红樱桃木饰面板

❶ 黑镜装饰线　❷ 仿木纹抛光墙砖

❶ 密度板雕花刷白　❷ 密度板拓缝

❶ 茶色镜面玻璃 ❷ 米黄色亚光墙砖

❶ 木质窗棂造型刷白 ❷ 印花壁纸 ❸ 白枫木踢脚线

❶ 车边灰镜 ❷ 印花壁纸 ❸ 米色玻化砖

❶ 白枫木饰面板 ❷ 印花壁纸 ❸ 米色网纹玻化砖

❶ 米黄色网纹大理石 ❷ 印花壁纸

❶ 黑胡桃木饰面板　❷ 爵士白大理石　❸ 白色人造大理石踢脚线

❶ 条纹壁纸　❷ 白枫木饰面板拓缝

❶ 银镜装饰线　❷ 白色人造大理石拓缝　❸ 米黄色亚光墙砖

❶ 印花壁纸　❷ 黑镜装饰线　❸ 装饰硬包

❶ 文化石饰面　❷ 米白色亚光墙饰

乳胶漆墙面如何进行基层处理

在涂刷乳胶漆之前，如果对墙壁基层处理不彻底，留有灰尘、油污等，就会造成乳胶漆脱落、变色等问题；如果潮湿的墙面没有事先用清漆封底，还会导致水气外渗，漆皮出现水印，甚至会脱落。

墙面基层处理是施工的第一步，也是直接影响到后面各环节的关键步骤。在对墙壁进行涂饰之前，应先查看墙面有没有大的凹处需要先补平，然后要将原有墙皮铲除干净。墙面修复处应用砂纸打磨，确保修补后纹理和大面积一致，并清理浮灰，以确保涂饰层与基层粘结牢固。

❶ 米色亚光墙砖　❷ 泰柚木饰面板

❶ 肌理壁纸　❷ 混纺地毯

❶ 装饰银镜　❷ 密度板雕花刷白　❸ 印花壁纸

❶ 石膏板吊顶　❷ 直纹斑马木饰面板

❶ 雕花银镜　❷ 条纹壁纸　❸ 彩绘玻璃

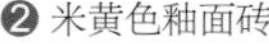

❶ 白枫木饰面板　❷ 米黄色釉面砖　❸ 混纺地毯

❶ 银镜装饰线 ❷ 肌理壁纸

❶ 黑色烤漆玻璃 ❷ 印花壁纸

❶ 装饰银镜 ❷ 印花壁纸

❶ 陶瓷锦砖 ❷ 印花壁纸

❶ 红樱桃木顶角线 ❷ 雕花茶镜 ❸ 印花壁纸

❶ 白色乳胶漆 ❷ 密度板雕花刷白贴银镜 ❸ 米白色亚光墙砖

❶ 陶瓷锦砖 ❷ 白桦木饰面板拓缝

❶ 有色乳胶漆 ❷ 灰白色人造大理石

❶ 印花壁纸 ❷ 深咖啡色墙砖 ❸ 强化复合木地板

❶ 泰柚木装饰线 ❷ 白色乳胶漆 ❸ 有色乳胶漆

❶ 黑色烤漆玻璃 ❷ 布艺软包

❶ 陶瓷锦砖 ❷ 白枫木装饰线 ❸ 印花壁纸

❶ 灰白色云纹大理石 ❷ 黑色人造大理石波打线

❶ 泰柚木饰面板 ❷ 泰柚木装饰立柱

❶ 条纹壁纸 ❷ 印花壁纸 ❸ 仿古砖

❶ 茶色烤漆玻璃 ❷ 白枫木装饰线 ❸ 印花壁纸

❶ 红樱桃木饰面板 ❷ 白色人造大理石

❶ 木纹抛光墙砖 ❷ 雕花清玻璃

电视墙粉刷涂料前如何处理墙面

新房子的墙面一般只需要用粗砂纸打磨，不需要把原漆层铲除。新墙面一定要干燥，表面水分应低于10%，可以使用腻子将墙面批平。为了使漆膜牢固平滑，保色耐久，须使用水性或油性封墙底漆打底。

普通旧房子的墙面一般需要把原漆面铲除。其方法是用水先把表层喷湿，然后用泥刀或者电刨机把其表层漆面铲除。

对于年久失修的，表面已经有严重漆面脱落，批烫层呈粉沙化的旧墙面，需要把漆层和整个批烫层铲除，直至见到水泥批烫层或者砖层。然后用双飞粉和熟胶粉调拌，打底批平，再涂饰乳胶漆。

面层需涂2~3遍，每遍之间的间隔时间以24小时为佳。需要提醒的是，很多工业涂料都有或多或少的毒性，施工时要注意通风，施工后一周以上方能住人，以免危害人体的健康。

❶ 水曲柳饰面板　❷ 条纹壁纸　❸ 石膏板拓缝

❶ 装饰灰镜　❷ 直纹斑马木饰面板

❶ 爵士白大理石　❷ 装饰银镜　❸ 有色亚光墙砖

❶ 条纹壁纸　❷ 密度板混油拓缝

❶ 白枫木饰面板　❷ 印花壁纸

❶ 黑色烤漆玻璃　❷ 皮纹砖

❶ 灰镜装饰线 ❷ 米黄色云纹大理石

❶ 车边银镜 ❷ 米黄色网纹大理石 ❸ 密度板雕花刷金

❶ 泰柚木搁板 ❷ 中花白大理石 ❸ 米色玻化砖

❶ 茶色烤漆玻璃 ❷ 不锈钢条

❶ 米白色洞石 ❷ 仿木纹墙面砖 ❸ 泰柚木雕花装饰

❶ 米黄色大理石装饰线 ❷ 装饰硬包

❶ 装饰银镜 ❷ 印花壁纸

❶ 印花壁纸 ❷ 木窗棂贴银镜

❶ 黑色烤漆玻璃 ❷ 米黄色釉面墙砖

❶ 石膏板吊顶 ❷ 红樱桃木饰面板 ❸ 文化砖饰面

❶ 密度板刷白　❷ 泰柚木饰面板　❸ 中花白大理石

❶ 印花壁纸　❷ 黑色烤漆玻璃　❸ 中花白大理石

❶ 深茶色烤漆玻璃　❷ 白桦木饰面板

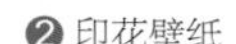

❶ 白色人造大理石　❷ 印花壁纸

❶ 白色乳胶漆 ❷ 文化石饰面 ❸ 红樱桃木踢脚线

❶ 车边银镜 ❷ 米黄色大理石装饰线 ❸ 印花壁纸

❶ 有色乳胶漆 ❷ 印花壁纸

❶ 装饰银镜 ❷ 榉木饰面板

如何处理电视墙涂料的涂层凸起

涂层表面出现这种情况，大多是由于使用水溶性涂料时，因墙体内部的水分尚未干透而继续从墙内挥发到表面所致。因此，装修新屋的用户，一定要待墙内水分完全蒸发之后再刷。倘若在涂饰过程中出现了凸起现象，可将鼓泡部位刮除，再刷漆。

❶ 有色乳胶漆　❷ 白色乳胶漆

❶ 有色乳胶漆　❷ 不锈钢条　❸ 印花壁纸

❶ 黑胡桃木饰面板　❷ 有色乳胶漆

❶ 米黄色云纹大理石　❷ 泰柚木装饰立柱

❶ 红樱桃木饰面板　❷ 肌理壁纸

❶ 文化石饰面　❷ 印花壁纸　❸ 白枫木饰面板

❶ 肌理壁纸 ❷ 仿古砖

❶ 黑色烤漆玻璃 ❷ 浅咖啡色网纹大理石

❶ 木纹大理石 ❷ 白枫木装饰线

❶ 白枫木饰面板 ❷ 肌理壁纸

❶ 不锈钢条 ❷ 布艺软包

❶ 白枫木饰面板 ❷ 红樱桃木搁板 ❸ 印花壁纸

❶ 红色烤漆玻璃 ❷ 陶瓷锦砖 ❸ 米白色洞石

❶ 印花壁纸 ❷ 白枫木创意搁板

❶ 银镜装饰线 ❷ 泰柚木饰面板

❶ 陶瓷锦砖　❷ 泰柚木装饰线　❸ 印花壁纸

❶ 石膏板吊顶　❷ 装饰硬包

❶ 米黄色云纹大理石　❷ 艺术墙砖

❶ 白色乳胶漆　❷ 印花壁纸　❸ 装饰银镜

❶ 印花壁纸 ❷ 白色乳胶漆 ❸ 白枫木踢脚线

❶ 黑镜装饰线 ❷ 中花白大理石 ❸ 米黄色玻化砖

❶ 装饰银镜 ❷ 黑胡桃木装饰线 ❸ 灰白色网纹人造大理石

❶ 仿木纹釉面砖 ❷ 黑色烤漆玻璃

❶ 白色乳胶漆 ❷条纹壁纸

❶ 黑色烤漆玻璃　❷ 米黄色亚光墙砖

❶ 茶色烤漆玻璃　❷ 米黄色大理石

❶ 密度板雕花刷白　❷ 印花壁纸

❶ 陶瓷锦砖　❷ 印花壁纸

❶ 有色乳胶漆　❷ 红樱桃木装饰线　❸ 印花壁纸

如何处理电视墙涂层开裂、脱落

涂层早期若表现出像头发丝一样的裂纹，在后期就会出现片状剥落，多是由于使用了附着力和柔韧性很差的涂料或者过分稀释、覆盖涂料，使墙面或基层表面预处理不充分，致使涂膜老化后过度硬化和脆化等。

处理时应用刮刀或钢丝刷除去已松动和剥落的涂料，打磨表面并修边。如果剥落发生在多道涂层上，必要时应使用耐水腻子。在重涂前要先上封闭底漆，使用优质的底漆和面漆能防止这类问题的复发。切忌用水过度稀释涂料。

❶ 白色乳胶漆 ❷ 条纹壁纸 ❸ 红樱桃木踢脚线

❶ 印花壁纸 ❷ 白枫木饰面板 ❸ 实木踢脚线

❶ 红樱桃木装饰线 ❷ 白色乳胶漆 ❸ 条纹壁纸

❶ 装饰银镜 ❷ 白枫木装饰线 ❸ 布艺软包

❶ 雕花银镜 ❷ 泰柚木装饰线 ❸ 装饰硬包

❶ 有色乳胶漆 ❷ 艺术墙砖

❶ 白枫木装饰线 ❷ 白枫木饰面板 ❸ 印花壁纸

❶ 黑色人造大理石装饰线 ❷ 米白色亚光墙砖 ❸ 强化复合木地板

❶ 米白色亚光墙砖 ❷ 泰柚木饰面板

❶ 木窗棂造型刷白 ❷ 有色乳胶漆

❶ 条纹壁纸 ❷ 黑镜装饰线

❶ 木窗棂造型 ❷ 爵士白大理石

❶ 白枫木顶角线 ❷ 印花壁纸

❶ 有色乳胶漆 ❷ 印花壁纸

❶ 装饰银镜 ❷ 原木饰面板

❶ 黑胡桃木饰面板 ❷ 白枫木装饰线 ❸ 印花壁纸

❶ 白枫木饰面板 ❷ 雕花银镜 ❸ 黑胡桃木饰面板

❶ 印花壁纸 ❷ 白枫木饰面板

❶ 红樱桃木饰面板 ❷ 仿古砖

❶ 白色人造大理石 ❷ 黑胡桃木创意搁板 ❸ 泰柚木踢脚线

如何处理电视墙涂层起皱

墙面涂层起皱的原因有以下几种：涂料在涂刷时一次涂得太厚，漆膜表面变得粗糙、有皱纹；在非常热或湿冷的天气里涂刷，导致漆膜表层的干燥速度比底层快，将未固化的涂膜暴露在过度潮湿的环境中；再者是在被污染的表面上涂刷(如有灰尘或油状物)。

解决方法是刮除或打磨基材表面，以除去起皱的涂层。如果涂上了底漆，在涂面漆前要确保底漆完全干燥。重新涂刷时(避免极端的温度和湿度)，均匀地涂刷一层优质内墙涂料。

❶ 印花壁纸 ❷ 泰柚木装饰线 ❸ 米黄色云纹大理石

❶ 黑色烤漆玻璃 ❷ 米色亚光墙砖 ❸ 印花壁纸

❶ 有色乳胶漆 ❷ 泰柚木搁板

❶ 有色乳胶漆 ❷ 密度板拓缝

❶ 黑色烤漆玻璃 ❷ 米白色洞石

❶ 有色乳胶漆 ❷ 木质搁板 ❸ 陶瓷锦砖

❶ 布艺软包　❷ 白色人造大理石

❶ 米黄色洞石　❷ 皮革软包　❸ 深咖啡色网纹大理石

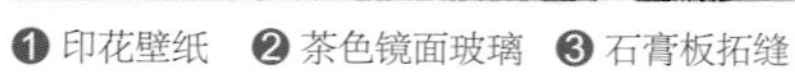

❶ 印花壁纸　❷ 茶色镜面玻璃　❸ 石膏板拓缝

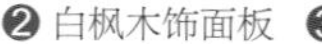

❶ 装饰灰镜　❷ 白枫木饰面板　❸ 水曲柳饰面板

❶ 银镜装饰线　❷ 泰柚木饰面板

❶ 印花壁纸　❷ 白色人造大理石　❸ 强化复合木地板

❶ 米色抛光墙砖　❷ 印花壁纸

❶ 白枫木装饰线　❷ 皮纹砖

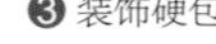

❶ 雕花茶镜　❷ 白枫木装饰线　❸ 装饰硬包

❶ 印花壁纸 ❷ 密度板雕花刷白 ❸ 有色乳胶漆

❶ 白色人造大理石装饰线 ❷ 印花壁纸

❶ 爵士白大理石 ❷ 白枫木饰面板

❶ 不锈钢条 ❷ 乳胶漆弹涂

❶ 雕花银镜 ❷ 印花壁纸

❶ 深茶色烤漆玻璃 ❷ 米黄色亚光墙砖 ❸ 中花白大理石

❶ 浅咖啡色网纹大理石 ❷ 红樱桃木饰面板 ❸ 白色玻化砖

❶ 中花白大理石 ❷ 肌理壁纸

❶ 装饰银镜 ❷ 白色人造大理石 ❸ 陶瓷锦砖

❶ 有色乳胶漆 ❷ 红砖饰面 ❸ 实木地板

❶ 条纹壁纸 ❷ 密度板拓缝

❶ 黑镜装饰线 ❷ 印花壁纸

❶ 密度板雕花贴银镜 ❷ 印花壁纸

如何处理电视墙涂层变色

普通的涂料常常在受到阳光曝晒或受碱性物质污染之后，容易出现泛黄变色现象，这是紫外线和碱性物质氧化作用的结果。所以，对于阳光强烈的照射或易受碱性污染的地方，最好选用具有抗氧化、防曝晒的特种涂料进行装饰。

❶ 黑白根大理石 ❷ 印花壁纸

❶ 印花壁纸 ❷ 直纹斑马木饰面板 ❸ 印花壁纸

❶ 白枫木顶角线 ❷ 条纹壁纸

❶ 印花壁纸 ❷ 强化复合木地板

❶ 泰柚木饰面板 ❷ 木纹壁纸

❶ 红樱桃木格栅 ❷ 深咖啡色网纹大理石

❶ 爵士白大理石 ❷ 水曲柳饰面板

❶ 原木装饰横梁 ❷ 黑胡桃木装饰线 ❸ 艺术陶瓷锦砖

❶ 水曲柳饰面板 ❷ 黑色烤漆玻璃

❶ 米黄色大理石 ❷ 装饰银镜

❶ 红樱桃木饰面板 ❷ 装饰银镜

❶ 木质搁板 ❷ 有色乳胶漆

❶ 红樱桃木装饰立柱 ❷ 印花壁纸 ❸ 白色乳胶漆

❶ 白枫木格栅 ❷ 雕花银镜

❶ 紫檀木饰面板 ❷ 白色玻化砖

如何选择涂料色彩

在上千种颜色当中，业主应根据自己的喜好及房间的不同功能，选用合适的色调，装饰出符合自己品位的室内墙面；当然，选择家居墙壁的颜色还应与家具的颜色和风格相协调。首先选好主色调，然后从主色系中选出一种或多种相近的颜色作配色。

最简单、原始的乳白色涂料，也是最大方、朴素的体现，给人一种清新、自然的感受；对于年轻一族来说，一些色彩明亮、彰显活力的如天蓝、海蓝、郁金香、红玫瑰等颜色，是极佳的选择，给人带来无限遐想。

❶ 白枫木饰面板 ❷ 榉木装饰线 ❸ 肌理壁纸

❶ 雕花清玻璃 ❷ 黑胡桃木装饰线 ❸ 印花壁纸

❶ 黑胡桃木饰面板 ❷ 陶瓷锦砖

❶ 银镜装饰线 ❷ 条纹壁纸 ❸ 密度板拓缝

❶ 白色乳胶漆 ❷ 印花壁纸

❶ 陶瓷锦砖 ❷ 白枫木饰面板 ❸ 白枫木踢脚线

❶ 印花壁纸 ❷ 米白色洞石 ❸ 车边茶镜

❶ 黑镜装饰线 ❷ 艺术墙贴 ❸ 有色乳胶漆

❶ 砂岩浮雕 ❷ 印花壁纸

❶ 深咖啡色网纹大理石 ❷ 米白色云纹大理石 ❸ 印花壁纸

❶ 雕花银镜 ❷ 石膏板拓缝 ❸ 泰柚木踢脚线

❶ 白色乳胶漆 ❷ 陶瓷锦砖

❶ 肌理壁纸 ❷ 木纹大理石

❶ 水曲柳饰面板 ❷ 白枫木格栅

❶ 泰柚木装饰线 ❷ 皮纹砖 ❸ 泰柚木格栅

❶ 桦木饰面板 ❷ 木纹大理石 ❸ 艺术地毯

❶ 黑色烤漆玻璃 ❷ 浅咖啡色网纹大理石 ❸ 桦木饰面板

❶ 红樱桃木饰面板 ❷ 车边银镜 ❸ 印花壁纸

❶ 泰柚木饰面板 ❷ 木纹大理石

❶ 泰柚木装饰线 ❷ 印花壁纸

❶ 肌理壁纸 ❷ 黑胡桃木饰面垭口 ❸ 羊毛地毯

❶ 印花壁纸 ❷ 白枫木装饰线 ❸ 车边灰镜

❶ 米黄色云纹亚光墙砖 ❷ 白枫木实木垭口

❶ 密度板雕花刷白　❷ 黑镜装饰线　❸ 黑胡桃木踢脚线

❶ 陶瓷锦砖　❷ 印花壁纸　❸ 白枫木装饰线

❶ 陶瓷锦砖　❷ 木装饰线刷金　❸ 印花壁纸

❶ 灰镜装饰线　❷ 印花壁纸

❶ 红色镜面玻璃　❷ 白色乳胶漆　❸ 雕花黑镜

❶ 车边茶镜 ❷ 白枫木装饰线 ❸ 印花壁纸

❶ 白枫木装饰线 ❷ 皮纹砖 ❸ 茶色镜面玻璃

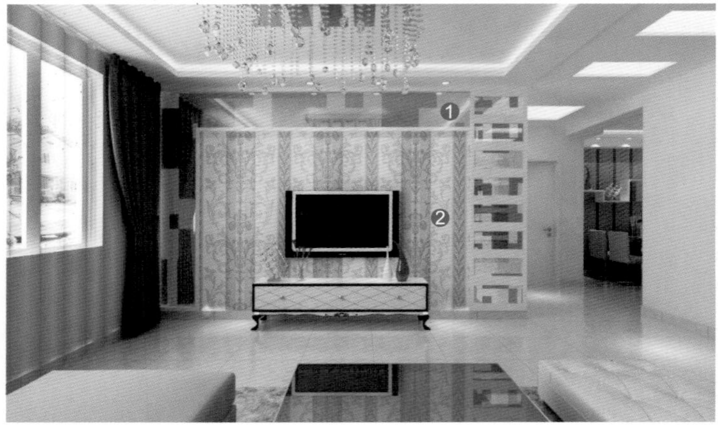

❶ 装饰灰镜 ❷ 印花壁纸

❶ 陶瓷锦砖 ❷ 米白色亚光墙砖 ❸ 泰柚木搁板

❶ 雕花黑色烤漆玻璃 ❷ 白枫木装饰线 ❸ 印花壁纸

如何选择涂料的光泽度

市场上的内墙漆有哑光、丝光、半光、高光之分。主卧室和天花板，一般采用哑光漆，能得到温和、平整的效果；起居室、餐厅和儿童房则用丝光漆，便于清洗和抗痕；厨房和浴室内墙容易磨损、污损，有抗磨作用的半光漆则是首选，其淡淡的光泽也能在一定程度上弥补因空间较小而采光不足的缺点。

❶ 黑色烤漆玻璃 ❷ 陶瓷锦砖 ❸ 水曲柳饰面板

❶ 米黄色亚光墙砖 ❷ 白枫木格栅 ❸ 黑镜装饰线

❶ 木纹大理石 ❷ 成品铁艺装饰

❶ 黑镜装饰线 ❷ 水曲柳饰面板 ❸ 强化复合木地板

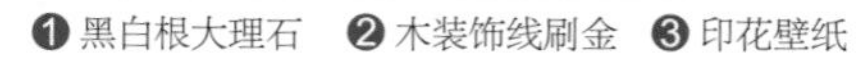

❶ 黑白根大理石 ❷ 木装饰线刷金 ❸ 印花壁纸

❶ 条纹壁纸　❷ 密度板雕花刷白贴银镜　❸ 米白色亚光玻化砖

❶ 爵士白大理石　❷ 印花壁纸　❸ 装饰银镜

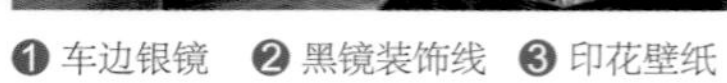

❶ 车边银镜　❷ 黑镜装饰线　❸ 印花壁纸

❶ 密度板雕花刷白　❷ 装饰灰镜　❸ 米白色亚光墙砖

❶ 黑晶砂大理石装饰线 ❷ 米黄色云纹大理石 ❸ 印花壁纸

❶ 有色乳胶漆 ❷ 白枫木饰面板

❶ 仿木纹抛光墙砖 ❷ 黑色烤漆玻璃

❶ 印花壁纸 ❷ 条纹壁纸

❶ 茶色镜面玻璃 ❷ 石膏板拓缝 ❸ 米黄色亚光墙砖

❶ 车边银镜 ❷ 浅咖啡色云纹大理石

❶ 水曲柳饰面板 ❷ 柚木踢脚线

❶ 装饰灰镜 ❷ 白枫木饰面板 ❸ 印花壁纸

❶ 有色乳胶漆 ❷ 白枫木饰面板拓缝 ❸ 印花壁纸

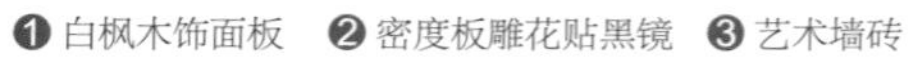

❶ 白枫木饰面板 ❷ 密度板雕花贴黑镜 ❸ 艺术墙砖

如何选购水性木器漆

1. 购买水性木器漆之前，要清楚自己的需要，然后根据实际需要选择相适应的水性木器漆。

2. 货比三家，重点考虑产品的品牌知名度、质量、价格、包装及售后服务。

3. 察看产品的质量检测报告、环保证书、生产日期等相关信息。

4. 产品外观上一般标注有水性或水溶性字样，使用说明中也会标明可以直接加清水进行稀释的字样。而假冒的水性木器漆，由于添加了溶剂成分，是不能用清水稀释的。

5. 以丙烯酸与聚氨酯的合成物为主要成分的水性木器漆，一般呈浅乳白色或半透明色；纯正的聚氨酯水性木器漆呈半透明浅黄色。

6. 无异味是水性木器漆最为明显的特点，水性木器漆在开盖后，只有很小的气味，其中还略带点油脂芳香。低档的水性木器漆则具有较强的刺激性溶剂的味道。

❶ 有色乳胶漆 ❷ 石膏板浮雕

❶ 泰柚木装饰横梁 ❷ 米黄色洞石

❶ 泰柚木装饰线 ❷ 布艺软包

❶ 白枫木装饰线 ❷ 条纹壁纸

❶ 装饰银镜 ❷ 皮纹砖 ❸ 石膏板拓缝

❶ 雕花灰镜 ❷ 泰柚木装饰线 ❸ 白色人造大理石

❶ 肌理壁纸 ❷ 密度板雕花刷白 ❸ 白色玻化砖

❶ 装饰灰镜 ❷ 白色人造大理石 ❸ 米黄色玻化砖

❶ 有色乳胶漆 ❷ 白枫木装饰线 ❸ 文化石饰面

❶ 石膏板造型背景 ❷ 印花壁纸 ❸ 鹅卵石

❶ 黑胡桃木装饰横梁 ❷ 黑胡桃木装饰线 ❸ 印花壁纸

❶ 白枫木饰面板 ❷ 原木饰面板

❶ 车边银镜 ❷ 泰柚木装饰线 ❸ 皮纹砖

❶ 胡桃木装饰横梁 ❷ 白色乳胶漆 ❸ 陶瓷锦砖

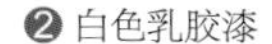

如何选购乳胶漆

1.用鼻子闻：真正环保的乳胶漆应是水性、无毒、无味的。如果闻到刺激性气味或工业香精味，就不能选择。

2.用眼睛看：放置一段时间后，正品乳胶漆的表面会形成厚厚的、有弹性的氧化膜，不易裂；而次品只会形成一层很薄的膜，易碎，具有辛辣气味。

3.用手感觉：用木棍将乳胶漆拌匀，再用木棍挑起来，优质乳胶漆往下流时会成扇面形。用手指摸，正品乳胶漆应该手感光滑、细腻。

4.耐擦洗：可将少许涂料刷到水泥墙上，涂层干后用湿抹布擦洗，高品质的乳胶漆耐擦洗性很强，而低档的乳胶漆擦几下就会出现掉粉、露底的褪色现象。

5.标识齐全：尽量到重信誉的正规商店或专卖店去购买，购买国内或国际知名品牌。选购时认清商品包装上的标识，特别是厂名、厂址、产品标准号、生产日期、有效期及产品使用说明书等。购买后一定要索取购货发票等有效凭证。

❶ 肌理壁纸 ❷ 白色乳胶漆

❶ 白枫木饰面板 ❷ 条纹壁纸

❶ 文化石饰面 ❷ 泰柚木搁板 ❸ 陶瓷锦砖

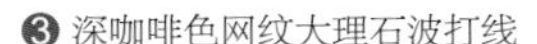
❶ 石膏板吊顶 ❷ 印花壁纸 ❸ 深咖啡色网纹大理石波打线

❶ 泰柚木饰面板 ❷ 装饰灰镜 ❸ 白色乳胶漆